AF466133

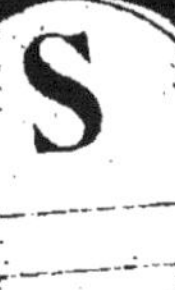
S

NOTICE

SUR LES

REPTILES FOSSILES DES DÉPOTS FLUVIO-LACUSTRES CRÉTACÉS

DU BASSIN A LIGNITE DE FUVEAU

©

Marseille.—Typ. et Lith. Barlatier-Feissat Père et Fils, imprimeurs de l'Académie.

NOTICE

SUR LES

REPTILES FOSSILES

DES DÉPOTS FLUVIO-LACUSTRES CRÉTACÉS

DU BASSIN A LIGNITE DE FUVEAU

PAR

M. Philippe MATHERON

Président de l'Académie Impériale des Sciences, Belles-Lettres et Arts de Marseille.

Extrait des Mémoires de l'Académie Impériale des Sciences, Belles-Lettres et Arts de Marseille.

PARIS

F. SAVY, LIBRAIRE

RUE HAUTEFEUILLE, 24

—

1869

NOTICE

SUR LES

REPTILES FOSSILES DES DÉPOTS FLUVIO-LACUSTRES CRÉTACÉS

DU BASSIN A LIGNITE DE FUVEAU

PAR M. PHILIPPE MATHERON (1)

On admet en paléontologie que la première apparition des crocodiles proprements dits a eu lieu vers le commencement de la période tertiaire et que ces animaux ont été précédés par les gavials, dont on trouve, en effet, des vestiges dans les étages supérieurs du terrain crétacé (2).

Cette opinion ne saurait continuer d'avoir cours dans la science. Les vestiges fossiles de plusieurs espèces de crocodiles qu'on rencontre dans quelques unes des couches du bassin à lignite de Fuveau, prouvent que ces animaux datent de plus loin, puisqu'ils avaient leur place dans la faune crétacée du S. E. de la France.

Les crocodiles ne sont pas d'ailleurs les seuls vertébrés qui figurèrent dans cette faune. Ils eurent en effet, comme on va le voir, pour contemporains dans nos contrées, quelques chéloniens et plusieurs sauriens gigantesques nouveaux qui ont la plus grande analogie avec les dinosauriens des couches wéaldiennes de la forêt de Tilgate.

Le but spécial de cette notice, autant que les limites restreintes dans lesquelles je dois la maintenir, m'obligent d'en exclure toute discussion purement stratigra-

(1) Cette Notice a été lue le 1er avril 1869 dans une séance particulière de l'Académie.
(2) *Gavialis macrorhynchus*, Blainville.

phique. Je ne répéterai donc pas ici ce que j'ai exposé naguère (1) pour démontrer que les dépôts fluvio-lacustres du bassin à lignite de Fuveau n'étaient nullement tertiaires et pour indiquer comment la logique des faits obligeait de voir dans les étages qu'ils présentent, les équivalents respectifs de divers groupes de couches marines dépendant des étages supérieurs du terrain crétacé.

Toutefois, pour être intelligible dans ce que j'ai à signaler sur la position relative des couches qui renferment les reptiles dont j'ai à parler, il est indispensable que je résume avant tout les résultats auxquels on parvient quand on étudie la question stratigraphique du bassin de Fuveau à ses divers points de vue.

Voici quels sont ces résultats :

La série crétacée d'origine marine s'arrête, dans la Basse Provence, à des couches qui sont à très-peu près de l'âge de la craie dite de Villedieu et qu'on rencontre non-seulement sur presque tout le pourtour du bassin de Fuveau, mais encore sur divers points de l'Europe, notamment à Gosau, à Aix-la-Chapelle et au Moulin de Tiffau, sur les bords de la Salz, aux environs des Bains-de-Renne. Des couches marines dépendant des parties moyenne et supérieure de la craie sénonienne, telle que l'entendait Alcide d'Orbigny, c'est-à-dire, des couches marines appartenant aux étages *campanien* et *dordonien* de M. Coquand, n'existent pas plus dans le bassin de Fuveau, que dans la contrée environnante.

Ces faits dénotent une interruption dans les dépôts marins et prouvent qu'à un moment donné la mer crétacée s'éloigna de la contrée. C'est de cette époque que date le bassin à lignite de Fuveau et que datent, par conséquent aussi, les premières assises de cette puissante série de couches fluvio-lacustres qui paraît être spéciale au S. E. de la France.

(1) *Bulletin de la société géologique de France*, 2me série, 1864, t. XXI, p. 532 et suivantes; 1866, t. XXIV, p. 48; 1868, t. XXV, p. 762.

Cette grande série est extrêmement complexe. Elle se divise en deux parties dont l'une est crétacée et l'autre tertiaire. Or, comme on retrouve dans sa partie tertiaire les équivalents manifestes de tout ce qu'on connaît ailleurs dans l'éocène et dans le miocène inférieur et que ses dernières assises sont recouvertes par des dépôts marins de la période falunienne, il est facile de conclure que les innombrables couches qui la constituent ont été successivement déposées durant l'immense étendue de temps qui a séparé l'époque où la contrée fut abandonnée par l'océan crétacé de celle où la mer falunienne vint baigner une partie de la vallée du Rhône.

La partie crétacée de cette série se subdivise en quatre groupes de couches ou soit en quatre étages qui correspondent à autant de périodes.

Pendant la durée de la première de ces périodes, le bassin de Fuveau fut presqu'entièrement baigné par des eaux saumâtres. Accidentellement et à diverses reprises, des eaux plus ou moins salées et des nappes d'eau douce séjournèrent sur quelques parties de son étendue.

Cette variation dans la nature des eaux permet de considérer ce bassin comme une grande dépression qui communiquait alors avec la mer crétacée et qui servait d'embouchure à un ou à plusieurs grands cours d'eau.

Sous l'empire d'un tel état des lieux, la population de mollusques qui se développa dans ce bassin ne pouvait manquer d'être elle-même très-variable. On voit, en effet, par l'examen des innombrables fossiles qui font connaître la faune de cette époque, par le mode suivant lequel ces restes organiques sont disposés dans les couches et par les rapports stratigraphiques qui existent entre celles-ci, que pendant la durée de cette période, il a simultanément existé dans ce bassin, ici, des coquilles marines, telles que des huîtres, des bucardes et des corbules; là, des coquilles d'embouchure, telles que des grandes cyrènes, des cérites, des mélanies et des mélanopsides et ailleurs, des paludines, des unios et autres coquilles d'eau douce aux restes desquelles sont associées des coquilles terrestres rappelant celles qui vivent aujourd'hui dans les pays chauds.

Vers la fin de cette première période, de nouvelles modifications survenues dans le relief d'une partie de l'Europe eurent pour résultat de soustraire de plus en plus le bassin de Fuveau à l'action ou à l'influence des eaux de la mer, et de jeter, au contraire, ces eaux sur les couches d'eau saumâtre qui avaient été déposées à Gosau. Par suite, le dépôt des couches d'eau saumâtre fut interrompu en même temps à Fuveau et dans les Alpes Tyroliennes et, par le fait, ces deux localités se trouvèrent dans une position respective telle que les couches qui allaient se déposer après, dans l'une et dans l'autre, devaient forcément être lacustres dans la première et marines dans la seconde.

C'est ainsi que le bassin de Fuveau devint le théâtre de phénomènes lacustres ou fluvio-lacustres, tandis qu'à Gosau, et ailleurs en Europe, s'effectuaient, dans le sein de la mer, ces grands dépôts de craie blanche que caractérisent si bien la ***Belemnitella mucronata*** et l'***Inoceramus Cripsi***.

Les couches qui furent déposées dans le bassin de Fuveau, pendant la durée de cette seconde période, constituent un très-grand étage vers la base duquel sont disposés plusieurs groupes de couches de lignite auxquels les mineurs de la localité ont donné le nom de ***Mène***. Le plus inférieur de ces groupes, qui est en même temps le plus puissant et auquel, à raison de cela, on donne le nom de ***Grande Mène***, renferme des ossements de crocodiles et des restes de chéloniens.

C'est dans un autre de ces groupes, qui est situé plus haut dans le même étage et qui est connu sous la dénomination de ***Mène de quatre pans***, que fut trouvé, dans le temps, le fragment de fémur de crocodile qui a été décrit et figuré par Cuvier et sur les caractères duquel Gray a établi son ***Crocodilus Blavieri***.

Les circonstances auxquelles le bassin de Fuveau dut sa nouvelle constitution, exercèrent naturellement une grande influence sur les animaux qui peuplèrent ses eaux et qui vécurent sur ses rivages. Quelques espèces de la période précédente survécurent seules aux changements qui venaient de s'opérer et concoururent ainsi, pour une très-faible part, à la naissance d'une nouvelle faune dans laquelle figurèrent, avec les crocodiles précités, des tortues paludines et des myriades de mollusques acéphales et gastéropodes, tels que corbicules, unios, mélanies, mélanopsides, paludines et physes.

Il s'en faut de beaucoup que la situation dans laquelle se trouvait le bassin de Fuveau, au commencement de cette seconde période, soit demeurée invariable. Sous l'influence de circonstances diverses, il se produisit, au contraire, des changements incessants dans le régime des eaux. Par suite, survinrent des changements considérables dans la nature organique. De nouvelles faunes se succédèrent dans le bassin ; mais ce qui ne saurait être perdu de vue, c'est que tout en constatant que ces faunes sont inséparables, tant elles passent insensiblement de l'une à l'autre, on est cependant amené à reconnaître ce fait très remarquable, que les animaux qui vivaient vers la fin de cette période, n'avaient plus rien de commun avec ceux qui avaient vécu au moment où elle commençait.

Ces incessantes modifications, qui durent sans doute apporter de notables changements dans la configuration du bassin, n'eurent cependant pas pour effet d'en augmenter de beaucoup l'étendue moyenne ; mais, il arriva un moment, où, sous l'influence de causes plus générales et surtout plus intenses, de grandes masses d'eau douce, charriant avec elles une énorme quantité de matières sédimentaires envahirent non-seulement ce bassin, mais de nombreuses dépressions du sol dont les parois étaient émergées depuis une longue suite de siècles. Un phénomène de cette nature apporta avec lui de bien grands changements dans l'aspect du pays. Désormais les eaux douces ne furent plus emprisonnées dans les limites relativement restreintes du bassin de

Fuveau : elles occupèrent des surfaces très-considérables, tant dans le Midi de la France que dans le Nord de l'Espagne. Ce qui est très-remarquable et ce qui prouve bien que cet envahissement de grandes surfaces par les eaux douces tenait à des causes générales, uniformes dans leurs effets, c'est que partout où pénétrèrent ces eaux, il se produisit des dépôts sédimentaires identiques au double point de vue de leur composition pétrographique et de leurs caractères paléontologiques.

C'est de cette époque de troubles et d'inondations que datent les premières assises du grand étage de Rognac, dont le dépôt correspond à la troisième des périodes précitées.

Les phénomènes qui manifestèrent leurs effets au commencement de cette troisième période étaient trop incompatibles avec les lois de la vie pour pouvoir comporter le développement d'une bien grande population lacustre ou fluviatile. Mais, pour ne pas être riche en genres et en espèces, la faune provençale de cette époque n'en est pas moins digne d'attention, car elle emprunte à l'existence d'un grand chélonien, probablement aquatique, et à la présence inattendue d'un monstrueux saurien, qui ne paraît pas avoir eu de précurseur dans la contrée, un intérêt tout particulier.

Cependant le calme se fit peu à peu dans tous ces amas d'eau douce. Aux couches à éléments purement détritiques succédèrent des couches de calcaire marneux et de calcaire compacte. Sous l'empire de ce nouvel état des choses et sous l'influence d'une température, moins élevée sans doute que celle de l'époque des lignites de Fuveau, mais très-probablement égale à celle des régions intertropicales du monde actuel, de nombreux animaux terrestres et aquatiques, purent se développer. C'est alors que vécurent dans nos contrées, tant dans le bassin de Fuveau que dans la région des Alpines, et à Segura, en Espagne, ces prototypes des hélices auxquels j'ai donné le nom de Lychnus, et cette multitude d'autres mollusques terrestres qui rappèlent à la mémoire les bulimes et les cyclostomes qui vivent aujourd'hui sous les latitudes les plus chaudes de l'Inde, de l'Amérique et de la Polynésie.

Alors vivaient aussi dans nos contrées divers reptiles au nombre desquels figure un crocodile nouveau et un dinosaurien voisin des iguanodons, dont la présence au milieu de couches dépendant de l'étage de Rognac, prouve que la chaîne des dinosauriens n'a pas été interrompue dès les étages inférieurs du terrain crétacé.

Tout porte à croire que l'étage de Rognac est l'équivalent fluvio-lacustre des couches marines à Hemipneustes de Maëstricht, d'Ausseing et de Gensac et que par suite les grands sauriens dont je viens de parler sont à très-peu près les contemporains du célèbre ***Mosasaurus Camperi***.

Il est probable aussi que les grès qui forment la base du groupe d'Alet de M. d'Archiac sont de la même époque.

Les dépôts fluvio—lacustres des temps crétacés ne finirent pas avec les dernières assises de l'étage de Rognac. Les phénomènes qui mirent un terme à ces assises tenaient à des causes générales qui modifièrent profondément le relief de l'Europe, l'assiette et le rivage de la mer crétacée, la configuration des lacs et les conditions biologiques. La mer crétacée se retira encore davantage sur bien des points dans le Midi de la France. Les eaux douces prirent, au contraire, une extension bien plus considérable. Elles s'étendirent sur des surfaces jusqu'alors émergées. Sous l'empire des nouvelles conditions climatériques et biologiques, une faune nouvelle se substitua à la faune éteinte de Rognac.

C'est dans les eaux douces, qui s'étendaient alors en nappe depuis le département du Var jusqu'à celui de la Haute-Garonne, que, pendant la durée de la quatrième et dernière des périodes précitées, se déposèrent ces couches de marnes rutilantes, ces brèches, ces grès et ces calcaires qui donnent au terrain garumnien, qu'elles constituent, cette physionomie particulière qu'on retrouve tout aussi bien dans le Var, dans la montagne du Cengle, près d'Aix, et dans la vallée de Valmagne, près de Montpellier, que sur les versants Sud de la montagne Noire, sur les flancs des monts Alaric et dans les envirous des bains d'Alet.

Les caractères pétrographiques et paléontologiques de ce terrain garumnien se modifient quand on arrive dans l'Ariège, et dans la Haute-Garonne. Peu à peu les couches lacustres passent latéralement tantôt à des couches d'eau saumâtre, tantôt à des dépôts d'embouchure, tantôt enfin à de véritables couches marines. Il est permis de penser, d'après cela, que la mer contemporaine de ces grandes nappes d'eau douce n'était pas très-éloignée de la contrée occupée aujourd'hui par le département de la Haute-Garonne.

Cet étage rutilant, que M. Leymerie considère comme l'équivalent du terrain pisolitique du Nord de la France, est, dans tous les cas, une sorte d'intermédiaire entre des couches incontestablement crétacées et les premières assises des dépôts tertiaires. Il constitue dans le Midi de la France, un excellent horizon géognostique fixant la date du commencement d'une ère nouvelle dans l'histoire de la terre.

Les causes qui déterminèrent l'état dans lequel se trouvait la surface de notre globe au commencement de la période tertiaire, exercèrent naturellement leur influence sur la région du Midi de la France; tout y changea: relief du sol, assiette des mers, régime des eaux, conditions climatiques et biologiques. Les grands amas d'eau douce précités cessèrent d'exister ou furent déplacés et la mer, dans laquelle allaient se déposer ces puissantes couches nummulitiques qu'on peut suivre depuis Biarritz jusqu'aux environs de Saint-Chinian, vint s'établir sur des surfaces dont quelques unes étaient naguère couvertes par des eaux douces.

Cependant cette mer, dont on retrouve aussi les traces dans l'extrême S.-E. de la France, dans l'Europe méridionale, dans l'Egypte et dans l'Inde, ne pénétra pas dans la vallée du Rhône proprement dite. Le bassin de Fuveau, qui avait été peu à peu émergé, cessa par le fait d'exister et le bassin d'Aix, qui lui fit suite, devint à son tour le théâtre de phénomènes purement fluvio-lacustres. Ces phénomènes eurent pour résultat le dépôt de nouvelles couches d'eau douce sur les dernières assises du terrain garumnien. Ailleurs, ces mêmes assises furent au contraire recouvertes par des couches marines dependant de terrain nummulitique.

La superposition du terrain nummulitique au terrain garumnien est un fait qui domine la question stratigraphique du bassin de Fuveau. Elle démontre péremptoirement, en effet, que la série de couches fluvio-lacustres qu'on observe dans ce bassin est plus ancienne que le terrain nummulitique; d'où il suit que c'est à tort qu'on a cru pouvoir considérer l'ensemble de cette série, ou quelques uns des groupes de couches qu'on y observe, comme les équivalents synchroniques de certains horizons paléontologiques toujours situés ailleurs au dessus du terrain nummulitique.

Ceci posé, il est indispensable de déterminer les rapports qui existent entre ce terrain nummulitique et les divers étages tertiaires connus, il faut pour cela se rendre compte des faits qui se produisirent après la retraite de la mer nummulitique.

Lorsque cette mer abandonna la contrée, il se créa dans le midi de la France trois principales subdivisions régionales : 1° une à l'ouest, dans laquelle s'effectuèrent divers dépôts marins alternant parfois avec des couches d'eau douce; 2° une au centre, qui fut à jamais soustraite à l'action des mers tertiaires et dans laquelle ne furent conséquemment déposées que des couches lacustres ou fluviales; 3° une troisième à l'est, comprenant les bassins du Rhône et de l'Hérault, ainsi qu'une partie du bassin de l'Aude, et dans laquelle régnèrent d'abord des eaux douces, mais qui fut envahie plus tard par la mer falunienne.

Si l'on étudie, d'une manière comparative, la constitution géognostique de ces régions, on ne tarde pas à constater, dans chacune d'elles, l'existence des horizons les plus caractéristiques de la période tertiaire depuis, et y compris celui des couches à Lophiodons jusqu'à celui du *Dinotherium giganteum ;* on retrouve dans le grand groupe des couches tongriennes du calcaire à Astéries, l'équivalent manifeste des grès de Fontainebleau et des couches marines de Faudon, près du Gap, et des Diablerets, d'où il suit que le terrain nummulitique supérieur de MM. Hébert et Renevier, n'a rien de commun avec le terrain nummulitique proprement dit, si ce n'est une fâcheuse similitude de nom ; on constate enfin, qu'il existe dans la première de ces régions, à Blaye même, des couches marines qui appartiennent à l'horizon du *nummulites lœvigata* des bassins de Nantes et de Paris, ce qui démontre que le terrain nummulitique du midi de la France est plus ancien que le calcaire grossier parisien.

Or, comme la faune qui caractérise les couches marines de l'étage garumnien n'a aucune analogie avec les faunes des étages tertiaires situés au dessous du calcaire grossier et qu'elle a, au contraire, une physionomie incontestablement crétacée, il faut bien admettre que le terrain nummulitique du midi de la France est pour le moins aussi ancien que le grand groupe de couches que constituent, dans le bassin de Paris, les sables de Bracheux, les calcaires et les marnes lacustres de Rilly, les sables d'Aizy et les couches à *Nummulites planulata*, et que conséquemment l'étage garumnien, et, à plus forte raison, les couches qui lui sont inférieures, c'est-à-dire les étages de Rognac et de Fuveau, ne sauraient trouver place dans la série tertiaire.

En résumant ce qui précède et en tenant compte des divers faits que j'ai eu l'occasion de signaler ailleurs (1), on voit que la grande série de couches fluvio-lacustres du sud-est de la France est intercalée entre deux assises

(1) Voir les articles cités au commencement de cette Notice et de plus, les *Recherches comparatives sur les dépôts fluvio-lacustres tertiaires des environs de Montpellier, de l'Aude et de la Provence*, in-8e Marseille, 1862.

marines dont l'inférieure appartient à la partie inférieure du terrain sénonien et dont la supérieure dépend de la période tertiaire des faluns. On voit aussi qu'elle se subdivise en deux parties, dont l'une est crétacée et l'autre tertiaire et qu'il existe à la base de celle-ci des couches qui paraissent représenter tout ou partie du terrain nummulitique. On voit enfin que les différents groupes de couches dont se compose cette série sont disposés de la manière suivante :

Dépôts marins faluniens.			
GRANDE SÉRIE FLUVIO-LACUSTRE DU S.-E. DE LA FRANCE.	PARTIE TERTIAIRE.		Calcaires parallèles au calcaire de Beauce.
			Calcaires marneux, sables et gypses contemporains des grès de Fontainebleau.
			Calcaires marneux, avec *Cyrena semistriata*.
			Gypses d'Aix avec poissons et insectes.
			Gypses de Mormoiron, lignites des environs d'Apt avec Paléothériums.
			Calcaires à Limnées d'Aix et d'Apt correspondant aux calcaires de Saint-Ouen.
			Puissantes couches de grès et de marnes rouges avec calcaires marneux intercalés.
			Calcaires divers et marnes de l'âge des calcaires de Provins, de Saint-Parres et de Bouxwillers, avec Lophiodons.
			Calcaires du Montaiguet et de la Caunette.
			Calcaires lacustres remplaçant tout ou partie du terrain nummulitique.
	PARTIE CRÉTACÉE.		Étage rutilant garumnien.
		Étage de Rognac.	Calcaires supérieurs. Reptiles. Lychnus.
			Couches détritiques. Reptiles.
		Étages de Fuveau.	Couches diverses très-nombreuses. Physes. Anostomes.
			Calcaires marneux, marnes, calcaires compactes et Lignites. Mollusques. Reptiles.
			Couches d'eau saumâtre de la base. Coquilles nombreuses. Reptiles.
Couches marines de l'âge de la craie de Villedieu.			

Les reptiles dont il s'agit dans cette notice appartiennent à cinq horizons distincts, savoir :

5° Dans la partie supérieure de l'étage de Rognac :

Chéloniens, crocodiles, dinosauriens et grands sauriens.

4° Dans les couches détritiques de la base du même étage :

Chélonien. Grand saurien.

3° Dans la lignite de la Mène de quatre pans :

Crocodilus Blavieri, Gray.

2° Dans le lignite de la Grande Mène :

Chéloniens. Crocodiles.

1° Dans l'étage d'eau saumâtre de la base :

Chéloniens.

On a signalé des vertébrés dans les couches garumniennes du département de l'Ariège ; mais les couches rutilantes du bassin de Fuveau n'en renferment pas le moindre vestige.

Il est très-remarquable que les couches crétacées de ce bassin n'aient jamais laissé apercevoir des traces de mammifères et des poissons et que les vertébrés n'y soient représentés que par des reptiles.

A l'exception des crocodiles, ces reptiles appartiennent à des genres éteints qui ne paraissent pas avoir traversé une partie de la période tertiaire et dont il faut aller chercher les analogues dans les couches du Purbeck ou dans les dépôts wealdiens. C'est là un fait nouveau dont l'importance n'échappera pas à l'attention des paléontologistes et qui vient à l'appui de l'antiquité relative que la logique des faits stratigraphiques assigne aux couches fluvio-lacustres du bassin de Fuveau.

La classe des reptiles n'est représentée dans ce bassin, que par des chéloniens, des crocodiliens et des sauriens, que je vais passer sommairement en revue en suivant leur ordre de gisement.

1. — *Reptiles de l'étage d'eau saumâtre de la base.*

Chéloniens. Je ne connais de cet étage que des fragments de chéloniens absolument indéterminables.

2. — *Reptiles du lignite de la Grande Mène.*

Chéloniens. Les animaux de cet ordre sont représentés par des fragments qui paraissent avoir tous appartenu à la même espèce d'un genre se rapprochant beaucoup des pleurosternon d'Owen. L'animal était de taille moyenne et trés-déprimé. La surface externe des os de la carapace n'offrait que des traces de très-petites rugosités longitudinales à peu près obsolètes et n'était ni granuleuse, ni vermiculée, comme dans certains chéloniens fluviatiles. Parmi les fragments que je possède, se trouve une portion de la pièce antérieure et impaire de la carapace, dont le côté antérieur, un peu convexe dans son ensemble et légèrement sinueux au milieu, est le seul qui ne soit pas fracturé. La surface inférieure de ce fragment est lisse et concave dans son milieu, dans le sens longitudinal, c'est-à-dire, dans la partie qui correspondait au cou de l'animal. Elle se relève un peu vers son extrémité postérieure, aux approches du point où devait être la première vertèbre dorsale. La surface supérieure est à peine convexe. Elle est marquée de trois sillons rayonnants qui sont disposés entre eux comme le sont ceux qui existent au dessus des *nuchal plates* marqués *ch* dans les figures des *Pleurosternon concinnum* et *Pleurosternon ovatum* données par M. Owen, dans sa monographie des reptiles du Purbeck et du Wéaldien (1). Le premier de ces sillons, qui est médian et longitudinal et qui occupe la partie antérieure de la surface, indique la séparation de deux écailles paires antérieures. Les deux autres, qui sont obliques, en courbes concaves du côté antérieur et qui se réunissent en formant un angle saillant, du sommet duquel part le sillon médian précité, correspondent à la séparation des deux écailles paires antérieures d'avec la première écaille vertébrale.

Je possède un autre fragment qui provient de l'un des bords latéraux de l'animal. Il est très-déprimé dans son ensemble. Il se compose d'une portion de la carapace, qui

(1) Owen, *Monograph on the fossil Reptilia, etc.*, part. 1, 1853, plats 2 et 7.

est peu convexe et déclive sur son bord et d'une partie correspondante du plastron, qui est plane et qui se relève un peu latéralement. On voit au dessus, à deux centimètres environ du bord, une sorte de suture irrégulière par laquelle deux pièces marginales sont séparées de l'extrémité de l'os dilaté de l'une des côtes. Ces deux pièces sont séparées l'une de l'autre par un sillon légèrement courbe qui passe au dessous, après avoir traversé le bord arrondi de l'échantillon. Ce sillon court ensuite transversalement et un peu irrégulièrement sur le plastron, pour aller atteindre, après une longueur de 44 millimètres, le sommet saillant d'un angle que présente un sillon longitudinal par lequel le dessous des deux pièces marginales précitées est séparé d'une pièce qui appartenait au plastron.

Il résulte de cette disposition que ces deux pièces marginales sont bien plus larges en dessous qu'en dessus.

On voit par l'examen de cet échantillon que les côtes de l'animal ne se terminaient pas en pointe, comme dans les trionyx, et que la carapace n'était pas unie au plastron par de simples cartilages, ainsi que cela a lieu dans les tortues fluviatiles.

Il est donc probable que les deux échantillons que je viens de décrire sont les vestiges d'une tortue paludine ; et comme les sillons qui existent sur celui dont j'ai parlé en premier lieu sont exactement disposés comme ceux qu'on observe dans la pièce correspondante de quelques espèces de pleurosternon, j'ai lieu de croire qu'il faut les rapporter tous les deux à ce genre de chélonien. En attendant que des observations ultérieures viennent infirmer ou confirmer l'opinion que j'émets à cet égard, je donnerai à l'animal auquel ils ont appartenu le nom de *Pleurosternon? provinciale*, en ayant soin de placer un point de doute à la suite du nom générique.

Cet animal, dont j'ai parlé quelquefois en le rapportant à tort au genre trionyx, était plus grand que les *Pleurosternon concinnum* et *ovatum* d'Owen : il atteignait plus de 40 centimètres dans la longueur de son grand axe.

Crocodiliens. Le crocodilien des couches charbonneuses de la *Grande Mène* n'avait pas les dents à peu près égales des gavials. Cet animal avait quinze dents de chaque côté dans la mâchoire inférieure. C'était donc un véritable crocodile.

Ce sera mon *Crocodilus affuvelensis*.

Je connais de cette espèce plusieurs fragments qui ont appartenu à des sujets de divers âges, savoir :

1° Débris d'une tête présentant des fragments juxtaposés du maxillaire supérieur gauche et du maxillaire inférieur du même côté, avec des dents postérieures qui sont au nombre de trois dans l'os supérieur et de deux dans le maxillaire inférieur. On remarque en outre deux empreintes de dents dans le premier de ces os et une dans le second. Ces dents ont toutes la forme bien connue des dents postérieures des crocodiles et des caïmans. Elles sont très-obtuses, un peu comprimées; leur couronne est séparée de leur racine par un étranglement et présente de petites rugosités rayonnantes, qui s'oblitèrent en s'éloignant du sommet. Vers sa base, un peu au-dessus de l'étranglement précité, cette couronne est circonscrite par une légère dépression horizontale. Les dents et les empreintes de dents sont à leur place respective ; elles sont distantes d'axe en axe d'environ 11 millimètres, ce qui permet de supposer qu'elles ont appartenu à un animal dont la longueur totale devait être d'environ deux mètres. Les dents inférieures chevauchent avec celles du maxillaire supérieur et sont recouvertes par elle.

2° Un maxillaire inférieur gauche fracturé aux approches de l'apophyse coronoïde et engagé dans le charbon un peu avant la symphyse.

Ce magnifique échantillon est déposé dans une collection naissante due à l'initiative éclairée de M. Biver, agent principal de la compagnie concessionnaire des mines de Gréasque et de Fuveau.

Il est adhérent à un morceau de charbon très-compacte sur lequel on remarque, en outre, une grande quantité de fragments d'os; il montre la surface externe du maxillaire avec ses rugosités caractéristiques.

Il n'y a pas des traces des trois premières dents ; mais la quatrième, c'est-à-dire la plus grande, est en place; les cinquième, sixième et septième manquent ; les autres depuis la huitième jusqu'à la dernière, c'est-à-dire jusqu'à la quinzième, sont en place.

3e Diverses dents isolées antérieures et moyennes, toutes en cône un peu recourbé et un peu comprimé et dont quelques unes sont assez grosses pour avoir appartenu à des sujets ayant trois mètres de longueur. Le sommet de chacune de ces dents est plus ou moins obtus et présente de légères rugosités rayonnantes.

4° Une vingt-deuxième vertèbre, ou troisième lombaire, dont les apophyses articulaires et l'apophyse épineuse sont plus ou moins fracturées, mais dont le corps et une portion de la partie annulaire sont parfaitement conservés.

5° Une vingt-troisième vertèbre, ou quatrième lombaire, dans laquelle la partie annulaire a été brisée des deux côtés.

Ces deux vertèbres ont appartenu à un même animal qui devait avoir environ deux mètres de longueur. La convexité de leur face postérieure est extrêmement prononcée.

6° Un fragment de la partie annulaire de la précédente vertèbre avec l'apophyse articulaire postérieure gauche et une partie de l'apophyse épineuse.

7° Un caracoïdien droit, fracturé un peu au-dessus du col et dans lequel manque conséquemment la partie plane et élargie qui allait s'unir au sternum. On distingue dans cette pièce la facette sur laquelle s'appuyait l'omoplate ; on y distingue aussi l'apophyse dont la face externe formait l'un des côtés de la fosse qui recevait la tête de l'humérus.

Ce caracoïdien a probablement appartenu à un animal de trois mètres de longueur.

8° Un fragment de la partie supérieure d'un fémur

gauche brisé un peu au dessus de la tubérosité qui tient lieu de trochanter. La tête supérieure de cet os devait être moins comprimée, dans le sens transversal, et moins étendue, d'avant en arrière, que dans les crocodiles de l'époque actuelle. La saillie formant trochanter est moins étendue et moins saillante que dans le fémur du *Crocodilus Blavieri*, dont il est parlé ci-dessous. On remarque, un peu en avant de la base de cette saillie, une assez forte dépression dont la surface est légèrement rugueuse. L'os entier devait avoir de vingt à vingt-deux centimètres de longueur. Il a conséquemment appartenu à un animal mesurant environ trois mètres dans sa longueur totale.

9° Un fragment de la partie supérieure d'un fémur, droit, absolument symétrique au précédent, mais ayant appartenu à un sujet qui n'avait que deux mètres de longueur.

3. *Reptiles de la Mène de quatre pans.*

On ne connaît de cette assise charbonneuse du bassin de Fuveau que la moitié supérieure du fémur gauche de crocodile qui fut trouvé, il y a de cela plus de quarante ans, dans les environs du village de Mimet et que M. Blavier, alors ingénieur en chef des mines, avait remis à Cuvier. Le savant anatomiste reconnut que ce fragment appartenait au genre crocodile ; il en donna les caractères et il jugea, d'après ces caractères, que la couche de charbon de Mimet, renfermait sûrement les os d'une espèce particulière de ce genre de reptile.

Cuvier, qui n'avait pas étudié la contrée, adopta l'opinion qu'avaient alors les géologues sur la position géognostique des lignites de Fuveau ou de Mimet. Il crut que ces lignites étaient tertiaires et qu'ils étaient dans la même situation relative que l'argile plastique et les lignites du Soissonnais, et comme il avait eu l'occasion de constater daus les lignites d'Auteuil, qui sont de l'âge de ceux du Soissonnais, la présence d'une très petite dent, et d'une portion de la tête supérieure d'un humérus d'un petit crocodile, il fut porté à dire qu'il n'y aurait rien d'impossible à ce que l'espèce de Mimet fut la même que celle d'Auteuil (1).

Il est probable que Cuvier n'aurait pas hasardé cette opinion, s'il avait su que la position de la couche charbonneuse de Mimet n'avait absolument rien de commun avec celle de l'argile plastique du bassin de Paris. Il est, dans tous les cas, difficile d'admettre qu'on puisse identifier deux animaux dont l'un n'est connu que par une moitié de fémur et l'autre, par une très-minime portion d'humérus et une dent presque microscopique.

Cependant, M. Gray, probablement influencé, comme l'avait été Cuvier, par le prétendu synchronisme des lignites de Mimet ou de Fuveau avec les lignites du Soissonnais, pensa aussi que le crocodile de Provence, auquel il imposa la dénomination de *Crocodilus Blavieri*, était probablement la même espèce que celle d'Auteuil (2).

Toutefois, malgré cette remarque, M. Gray imposa aussi un nom à l'animal d'Auteuil et l'inscrivit dans son synopsis sous le nom de *Crocodilus Bequereli* (*sic*).

Plus tard, en 1845, M. Pictet écrivit que les lignites de Provence renfermaient des débris de crocodiles d'une espèce très-voisine et peut être identique à celle d'Auteuil (3).

En 1847, M. Giebel, qui ne connaissait probablement pas le synopsis de M. Gray, eut aussi l'idée de donner un nom tant au crocodile de Mimet qu'à celui d'Auteuil; il imposa au premier le nom de *Crocodilus provencialis* (*sic*) et au second celui de *Crocodilus indeterminatus*, en faisant remarquer qu'on ne pouvait encore reconnaître si ce dernier animal se distinguait de celui de Provence. M. Giebel adopta d'ailleurs, comme M. Gray, l'opinion

(1) Voir Cuvier, *Ossements fossiles*, 2me édition 1821-1825, vol. V, p. 164, et 4me édition 1836, vol. IX, p. 326, pl. 234, f. 17.

(2) John-Edward Gray, *Synopsis reptilium, etc.*, London 1831, p. 61.

(3) Pictet, *Traité de Paléontologie élémentaire*, t. II, p. 38.

de Cuvier sur la contemporanéité des lignites de Mimet avec les lignites et l'argile plastique d'Auteuil (1).

M. Gervais a, de son côté, consacré quelques lignes à l'animal de Mimet et a cité à cette occasion une dent de crocodile que possède le musée d'Aix, et qui provient des lignites de Fuveau (2).

M. Gervais ne se prononce pas catégoriquement sur la position relative de ces lignites ; mais ce qu'il dit à cet égard prouve qu'ils les considère plutôt comme proïcènes qu'éocènes proprement dit ; d'où il suit que d'après le savant professeur, le crocodile de Mimet ferait plutôt partie de la faune paléothérienne, que de la faune du calcaire grossier et qu'il serait dans tous les cas moins ancien que les animaux des lignites du Soissonnais.

J'ai lieu de croire que M. Gervais ne conserve plus aujourd'hui cette opinion. Dans tous les cas, ce que j'ai à différentes reprises exposé sur la question stratigraphique du bassin de Fuveau démontre qu'il s'en faut de beaucoup qu'il y ait les moindres rapports entre l'étage proïcène, et les couches charbonneuses exploitées dans ce bassin et que le *Crocodilus Blavieri* n'a pas plus été contemporain des paléothériums de l'époque proïcène ou des lophiodons éocènes, qu'il n'a été celui des corryphodons de la période orthrocène. Cet animal a fait partie d'une faune crétacée moins ancienne que celle à laquelle appartinrent les chénoliens et le crocodile des couches charbonneuses de la Grande Mène, mais plus ancienne que celle dans laquelle ont figuré jadis le grand chélonien, le crocodile, les dinosauriens et les gigantesques sauriens qui caractérisent l'étage crétacé de Rognac. Cet étage, on le sait, occupe dans la série fluvio-lacustre du bassin de Fuveau, une position supérieure aux lignites qui ne saurait être contestée qu'à la condition d'apporter dans la discussion des faits stratigraphiques, le parti pris de nier l'évidence.

(1) Giebel, *Fauna der Vorwelt mit steter, etc.*, 1846, t. II, p. 121.
(2) Paul Gervais, *Zoologie et Paléontologie françaises*, 2me édition, 1859, p. 444

Je n'ai pas sous les yeux le fragment de fémur décrit par Cuvier; mais à en juger par la figure qui en a été donnée dans les recherches sur les ossements fossiles, le fémur du *Crocodilus Blavieri* différerait des fémurs des autres espèces de crocodiles par une plus grande saillie et un plus grand prolongement de la tubérosité ou éminence trochantérienne. C'est aussi par ce caractère qu'il diffère du *Crocodilus affuvelensis* de la *Grande Mène*.

Quoiqu'il en soit, il est certain, dans tous les cas, que le *Crocodilus provincialis* de Giebel n'est autre chose que le *Crocodilus Blavieri* de Gray. Comme on ne connaît de cet animal que le fragment de fémur décrit et figuré par Cuvier, et qu'on ignore conséquemment si ses dents étaient inégales ou si elles étaient à peu près égales, il reste à savoir si c'était plutôt un crocodile qu'un gavial. Des observations ultérieures donneront probablement un jour la solution de ce problème.

Reptiles de l'étage de Rognac.

La présence inattendue de vestiges de gigantesques sauriens et de dinosauriens voisins de l'iguanodon, dans quelques unes des couches de l'étage de Rognac, ramène naturellement la pensée vers l'intéressante et difficile question de l'apparition successive des différents types organiques et fixe l'attention sur les causes multiples qui ont permis à quelques uns de ces types de persister jusqu'à notre époque, tandis que tant d'autres se sont successivement éteints, après avoir traversé une ou plusieurs périodes géologiques. Jusqu'à un certain point, il est assez facile de comprendre comment à la longue divers types ont pu se modifier ou s'éteindre; mais il faut bien convenir que les causes sous l'empire desquelles se sont directement manifestés, pour la première fois, des types nouveaux ont échappé jusqu'à ce jour à nos moyens d'investigation et que les changements à vue, dans la scène du monde, et les créations successives qui ont été imaginées, pour expliquer l'apparition de ces êtres, ne nous ont absolument rien appris.

Mais, si nous sommes à cet égard dans la plus complète ignorance, l'observation nous a-t-elle du moins fait reconnaître que le développement de tous ces types à travers les divers âges du monde paléontologique ne paraît pas s'être effectué d'une manière intermittente, c'est-à-dire, que tout porte à croire qu'il n'y a jamais eu réapparition de types éteints et que, par suite, les solutions de continuité, qui semblent quelque fois exister, seront peu à peu comblées à mesure que se multiplieront davantage les recherches et les observations paléontogiques.

S'il en est ainsi, on peut à bon droit se demander jusqu'à quel point il est possible d'admettre que la chaîne des grands crocodiliens et celle des dinosauriens aient été interrompues dans le commencement de la période crétacée pour se renouer plus tard à l'époque de Rognac? On peut se demander, en d'autres termes, si la solution de continuité qu'on remarque ici ne serait pas plutôt apparente que réelle, et si elle ne tiendrait pas autant à l'insuffisance des observations qu'à la rareté des débris d'animaux formant le lien entre les grands reptiles des deux époques.

Quoiqu'il en soit, ce qui est certain, c'est que les couches du grand étage de Fuveau, c'est-à-dire, des couches qui sont plus anciennes que celles de Rognac, n'ont offert jusqu'à ce jour aucun vestige d'animaux précurseurs des grands reptiles crétacés qui ont vécu jadis dans nos contrées. Ce qui est non moins certain, c'est que la présence des débris de ces animaux gigantesques, dans des couches incontestablement supérieures aux lignites de Fuveau, donne à ces couches et, à plus forte raison, à ces lignites, un caractère d'antiquité paléontologique de nature à faire évanouir tous les doutes qui pourraient encore exister sur l'origine crétacée de ces dépôts fluvio-lacustres.

Ainsi que je l'ai déjà dit, les grands animaux dont on trouve des vestiges dans les couches qui constituent l'étage de Rognac ne furent pas les seuls reptiles de l'époque : avec eux vécurent, en effet, des chéloniens et un crocodile. Je vais passer en revue les divers débris de ces animaux que j'ai eu l'occasion d'observer.

4. *Reptiles des couches détritiques de la base de l'étage de Rognac.*

Chélonien. Le chélonien dont on a trouvé les restes fossiles dans le grès argileux de Rognac, ne me paraît pas pouvoir être sûrement introduit dans l'un des genres connus. C'était un animal dépourvu d'écailles, qui se rattachait aux trionyx, par son exosquelette couvert de grandes rugosités, et aux émydes, par son plastron et par les pièces marginales qui servaient d'union entre ce plastron et la carapace.

Il est probable, d'après cela, que cet animal avait quelques rapports avec les chéloniens qui ont servi de type au genre Aplolidemys créé par M. Pomel (1).

Mais comme je ne connais ce genre que par ce qu'en a dit M. Pomel dans l'ouvrage cité en note, et que je ne possède du chélonien de Rognac qu'un petit nombre de pièces, toutes plus ou moins fracturées, je dois ajourner, jusqu'à nouveaux faits, toute détermination générique. Ce ne sera donc qu'avec doute que je désignerai ce chélonien par la dénomination d'*Aplolidemys Gaudryi* (2).

Parmi les fragments que je possède se trouve une partie de l'os de l'épaule gauche. Cet os est fracturé à quelques centimètres au-dessus de la facette articulaire de l'humérus. Cette facette a près de 5 centimètres dans son grand axe. On distingue parfaitement sur cet os la suture entre l'omoplate et le caracoïdien. On y voit aussi la base de l'acrominion.

Ce chélonien devait avoir environ 80 centimètres de longueur. Sa carapace, qui était assez épaisse, était comme sillonnée en long par des rugosités allongées, irrégulières et très-saillantes. Le plastron était bien moins rugueux.

(1) *Archives de la bibliothèque universelle de Genève*, vol. IV, p. 328.

(2) Je dédie cette espèce à mon savant ami M. Gaudry, aux lumières duquel j'ai souvent recours et qui a bien voulu faire pour moi des recherches bibliographiques.

Grand Saurien. En même temps que le chélonien dont je viens de parler, vivait dans nos contrées un monstrueux saurien dont la présence inattendue dans les couches de Rognac est bien digne d'attention.

Cet animal rappelle ces gigantesques reptiles qui figurent dans les deux sections des crocodiliens à vertèbres biconcaves et convexo-convexes, c'est-à-dire, qu'il se rapproche des genres *Steneosaurus*, *Streptospondylus*, *Cetiosaurus*, *Pelorosaurus*, etc.; j'en connais les pièces suivantes :

1° Des fragments d'un grand os dont la réunion accuse une longueur totale dépassant 80 centimètres. Cet os, qui paraît être un fémur gauche, a ses deux têtes presqu'entièrement mutilées. Il était peu sinueux, déprimé dans le sens transversal, surtout vers son milieu où sa section, en ovale un peu quadilatère, a 17 centimètres de longueur sur 7 seulement de largeur. Il n'a pas de canal médullaire, ce qui permet de le rapporter à un animal aquatique plutôt qu'à un animal terrestre. La partie centrale est spongieuse, à tissu assez lâche, mais moins lâche cependant que celui des têtes.

2° Un fragment qui paraît apppartenir à la partie inférieure d'un tibia gauche comprise entre le tiers inférieur et le commencement de la dilatation conduisant à la tête inférieure. Cet os n'est nullement cylindrique ; sa section, à la fracture supérieure, est en ovale un peu déprimée d'un côté, de 11 centimètres de longueur, de 5 centimètres 1/2 de largeur. Comparées à celles des parties correspondantes d'un tibia de crocodile, ces dimensions permettent de supposer que l'os entier devait avoir environ 80 centimètres de longueur.

Ce fragment d'os est dépourvu de canal médullaire. La substance spongieuse centrale, presque nulle dans la section supérieure, est, au contraire, largement développée dans la section opposée.

3° Une grande portion d'un os très-allongé, fracturé d'un côté et se terminant de l'autre par une dilatation amincie, très-prononcée, dont l'une des faces est convexe, tandis que l'autre est concave. C'est probablement un fragment de péroné. Sa longueur est de 55 centimètres. Cette longueur se coordonne assez bien avec celle du fémur et du tibia précités.

La section transversale, non loin du point de fracture, a sensiblement la forme d'un triangle équilatéral dont les angles seraient arrondis ; les côtés de ce triangle ont environ 7 centimètres de longueur ; la partie dilatée et courbée en forme de tuile a, vers son extrémité, 18 centimètres de largeur.

4° Deux vertèbres caudales aussi remarquables par leurs grandes dimensions et par la forme de leur corps que par la singularité de leurs apophyses.

Ces deux vertèbres sont consécutives, et comme elles diffèrent très-peu l'une de l'autre, dans leur forme et dans leurs dimensions, il est permis de supposer qu'elles proviennent d'une queue assez allongée, dans laquelle devaient exister de nombreuses vertèbres.

Ce qui distingue surtout ces vertèbres, c'est que leur corps au lieu d'être comprimé sur les côtés ; comme dans les caudales des crocodiles, est, au contraire, déprimé dans le sens vertical et que leurs faces articulaires ne sont pas circulaires mais ovales, dans le sens transversal. Ces faces ont 11 centimètres de largeur sur 7 centimètres de hauteur ; l'une est concave, l'autre est convexe. Cette concavité et cette convexité sont relativement bien moins prononcées que dans les vertèbres des crocodiles.

Le corps a environ 12 centimètres de longueur. A l'exception du dessus, où il est presque horizontal, il est évidé en courbe, de telle sorte que vers son milieu, il n'a plus que huit centimètres de largeur sur cinq et demi de hauteur. Le trou vertébral est petit ; il ne règne, avec la partie annulaire, que sur la moitié environ de la longueur de la vertèbre, du côté où celle-ci est concave. Cette partie annulaire s'élève au plus à six centimètres au-dessus de la face supérieure du corps de la vertèbre et se termine, en haut, par une sorte de faîte mousse dans lequel se résume l'apophyse épineuse. Ce faîte se prolonge d'un côté en cône qui tient lieu d'apophyse articulaire et dont le sommet obtus n'atteint pas tout-à-fait le plan de la face convexe de la vertèbre. Du côté opposé, se détachent, de la partie annulaire, deux apophyses articulaires symétriques qui s'avancent en se dirigeant du côté de la face concave de la vertèbre, dont elles dépassent le plan d'une longueur de quatre centimètres. Ces deux apophyses divergentes sont situées un peu plus bas que le cône du côté opposé, d'où il suit, que dans l'articulation de deux vertèbres consécutives, le cône de l'une se trouve symétriquement situé au dessus et au milieu des deux apophyses divergentes de l'autre.

Sur les bords de sa face convexe, on remarque, au dessous de la vertèbre, deux saillies très-obtuses séparées par une dépression longitudinale et analogues à celles qui existent dans les parties correspondantes des vertèbres caudales des crocodiles. Il est permis de penser, d'après cela, que ces vertèbres étaient pourvues d'une hæmapophyse, qu'elles étaient concavo-convexes et que, dans leur articulation, les apophyses antérieures étaient les extérieures et les inférieures, comme cela a lieu dans les crocodiles.

Ces singulières vertèbres ont quelques rapports avec celle qui est représentée Pl. V fig. 3 et 4 du supplément numéro 2, à la monographie des reptiles du terrain Wéaldien et du Purbeck et que M. Owen rapporte avec doute au genre Pelorosaurus.

Il est à remarquer, cependant, qu'il existe dans cette vertèbre une hæmapophyse adhérente par ankylose et que les apophyses articulaires, antérieures et postérieures, sont moins élevées et moins saillantes que dans les vertèbres de Rognac.

Il est probable que ces deux vertèbres appartiennent, comme celle qui est figurée par M. Owen, à la partie postérieure de la queue. Qu'on juge, d'après cela, ce que pouvait être la longueur de cette partie de l'animal! Cette grande dimension se coordonne au surplus avec les dimensions des os qui accompagnaient ces vertèbres. De toutes les manières on arrive à un animal véritablement gigantesque.

Je n'entrevois pas la possibilité de faire entrer les vestiges de ce reptile dans l'un des genres connus. Sauf erreur de ma part, il doit donc donner lieu à la création d'un genre nouveau auquel, à raison de la haute taille qu'avait probablement cet animal, je propose de donner le nom d'***Hypselosaurus***. L'espèce de Rognac sera l'***Hypselosaurus priscus***.

L'hypsélosaure était probablement un animal aquatique dans le genre des grands crocodiliens connus. Sa queue ne devait pas être comprimée sur les côtés comme celle des crocodiles. Son système dentaire est inconnu. L'absence de canal médullaire dans les os longs ne permet pas de supposer qu'il ait été terrestre comme l'était l'iguanodon.

Avec les débris osseux dont je viens de parler, se trouvaient deux grands segments de sphère ou d'ellipsoïde très-énigmatiques, à l'examen desquels plusieurs paléontologistes ont souvent exercé leur patience. Tout bien considéré, il paraîtrait que ce sont des fragments d'œuf. Ces œufs étaient encore plus gros que ceux du grand oiseau que Geoffroy Saint-Hilaire a nommé Æpiornis. Les deux fragments dont il s'agit représentent-ils les vestiges de deux œufs d'un oiseau gigantesque, ou bien sont-ils les restes de deux œufs d'hypsélosaure? Telle est la question qui reste à résoudre.

Je donnerai, dans une autre circonstance, une description détaillée de ces deux échantillons avec dessins à l'appui.

5. ***Reptiles de la partie supérieure de l'étage de Rognac.***

Les reptiles dont il me reste à parler, proviennent tous de diverses couches marneuses lacustres, qui ont été traversées par le souterrain de la Nerthe, par lequel on sait que le chemin de fer de Paris à Lyon et à la Méditerranée pénètre dans le bassin de Marseille. Ces couches dépendent du littoral du bassin de Fuveau, et sont situées sur l'horizon géognostique et paléontologique des couches supérieures de l'étage de Rognac.

Les ossements étaient extrêmement nombreux dans ces marnes ; mais presque tous ceux qui furent recueillis, à l'époque des travaux du chemin de fer, sont plus ou moins fracturés.

Voici, dans son ensemble, le résultat de l'étude que j'ai faite de ces divers vestiges de reptiles.

Chéloniens. Des fragments indéterminables de deux espèces. Une avait la carapace chagrinée par d'assez fortes granulations, et l'autre, dont je possède quelques vestiges de la colonne vertébrale avec quelques portions de pièces costales, avait la carapace non chagrinée et probablement couverte d'écailles.

Crocodiles. Il y avait dans les couches dont il s'agit, des débris d'une espèce nouvelle de crocodile à laquelle je donne le nom de *Crocodilus vetustus* et dont je possède les pièces suivantes :

A. — Plusieurs dents appartenant à diverses parties des maxillaires. Les dents postérieures ont une couronne obtuse qui est séparée de la racine par un étranglement et sur le sommet de laquelle on observe de légères rugosités rayonnantes. Ces dents, ainsi que celles qui sont coniques, diffèrent sensiblement de celles du *Crocodilus affuvelensis* et sont un peu moins grandes qu'elles.

B. — Moitié inférieure d'un fémur gauche dont les condyles, surtout l'interne, sont en partie fracturés. L'os entier devait avoir environ vingt-trois centimètres de longueur, ce qui suppose un animal de trois mètres de longueur.

C. — Portion supérieure d'un fémur gauche plus petit que le précédent, cassé un peu au dessous de la tête supérieure. Par son éminence trochantérienne, cet os diffère autant du fémur du *Crocodilus Blavieri* que de celui du *Crocodilus affuvelensis*.

Grands sauriens. Il y avait avec les restes de chéloniens et avec ceux du crocodile précité, de nombreux fragments d'os de saurien qu'il ne m'a pas encore été possible de déterminer. Ce sont des portions de divers os et de vertèbres convexo-concaves ou peut être concavo-convexes. Je ne les cite ici que pour mémoire en attendant qu'ils aient été l'objet d'une étude ultérieure.

Dinosauriens. Mais ce qui doit exciter surtout un bien grand intérêt, c'est qu'il y avait aussi, parmi les débris osseux enfouis dans les marnes lacustres de la Nerthe, les restes d'un grand reptile terrestre nouveau qui avait les plus grands rapports avec l'iguanodon et auquel, à raison de ses dents cannelées, je propose de donner le nom générique de ***Rabdodon***.

Le Rabdodon avait un système dentaire du mode pleurodonte analogue à celui de l'iguanodon. Les dents n'étaient pas logées dans des alvéoles distincts. Elles étaient toutes situées dans une fosse alvéolaire commune et adhéraient, par un des côtés de leur racine, à la face interne de l'os de la mâchoire. Elles étaient comprimées, festonnées sur leur bord supérieur, régulièrement cannelées, dans le sens vertical, sur leur faces latérales, et irrégulièrement onduleuses, en travers, dans leur partie inférieure, quand elles avaient acquis tout leur développement.

Je possède de cet animal un certain nombre de pièces dont la description dépasserait de beaucoup les limites de cette notice. Je ne parlerai donc ici que des principales, au nombre desquelles se présentent, en première ligne, divers fragments du maxillaire inférieur.

A. — *Maxillaires inférieurs.*

A en juger par deux fragments qui appartiennent à la partie postérieure de la mâchoire, l'une du côté droit, l'autre du côté gauche, le maxillaire inférieur du Rabdodon, comme celui de l'iguanodon, était remarquable par le parallélisme de ses bords supérieur et inférieur et par la présence des dents jusqu'au point où l'os se relève assez brusquement pour former l'apophyse coronoïde. J'ignore si, comme dans l'iguanodon, la partie antérieure du maxillaire était dépourvue de dents et si elle était comme coupée en biais. Par analogie, il est permis de supposer qu'il en était ainsi.

La surface antérieure au lieu d'être, comme dans l'iguanodon, verticalement un peu concave vers le haut, est convexe ou subanguleuse dans son ensemble, divisée quelle est en deux parties presque planes qui forment entre elles un angle obtus à sommet arrondi.

On remarque sur cette surface extérieure des trous analogues à ceux qui existent sur le maxillaire inférieur de l'iguanodon, à cette différence près que, dans cet animal, ces trous sont tout près du bord dentaire, tandis que dans le Rabdodon ils sont un peu au dessus du milieu de l'os, c'est-à-dire, un peu au dessus de l'angle obtus qui sépare en deux parties la surface externe de l'os. Toute proportion gardée, ces trous sont plus rapprochés entre eux dans l'animal de la Nerthe que dans l'iguanodon. La surface externe de l'os est sensiblement lisse.

La fosse alvéolaire repose sur une saillie de l'os dentaire. Elle est formée : au fond, par une sorte de rainure qui existe au dessus de cette saillie ; d'un côté, par la moitié supérieure de l'os dentaire, et de l'autre, par un operculaire qui s'élève jusqu'à la hauteur du bord supérieur du maxillaire. Il suit de là que les dents ne sont apparentes que par leur sommet et qu'on ne peut les observer qu'après avoir enlevé l'operculaire.

On voit au dessous de la saillie supportant la fosse alvéolaire, le canal mandibulaire qui est à découvert et dont la profondeur augmente à mesure qu'il s'approche de la partie postérieure du maxillaire.

Les dents étaient nombreuses et contiguës. On en voit de toutes les dimensions, ce qui permet de supposer que leur accroissement et leur remplacement s'effectuaient de la même manière que dans l'iguanodon. La plus grande des dents que j'ai eu l'occasion d'observer a environ deux centimètres de longueur d'avant en arrière.

La hauteur verticale du maxillaire que j'ai sous les yeux est exactement la moitié de celle du maxillaire de l'iguanodon. Or, comme les autres pièces osseuses dont il va être question sont proportionnellement plus grosses, puis qu'elles ont les 2/3 des dimensions des pièces correspondantes des iguanodons, il faut en conclure ou que les maxillaires que je possède ont appartenu à des jeunes individus ou que, toute proportion gardée, la tête du Rabdodon était relativement moins grande que celle de l'iguanodon. Il est probable que cette dernière hypothèse se rapproche d'avantage de la vérité que la première.

B. Une vertèbre lombaire fracturée et déformée. Elle est légèrement bi-concave. Le trou vertébral est grand. On aperçoit une partie de l'apophyse épineuse, une portion de l'une des apophyses transverses, des vestiges de l'une des apophyses articulaires postérieures et les deux apophyses articulaires antérieures dont l'une, la gauche, est en très-bon état.

L'articulation de deux vertèbres consécutives s'effectuait comme dans les crocodiles, c'est-à-dire, que les apophyses articulaires antérieures d'une vertèbre étaient extérieures et inférieures par rapport aux apophyses articulaires postérieures de la précédente vertèbre.

La face articulaire du corps de la vertèbre est un peu elliptique dans le sens vertical ; sa largeur est de six centimètres.

Cette vertèbre a des dimensions égales au 2/3 des vertèbres analogues du l'iguanodon. On n'aperçoit pas de traces d'une apophyse inférieure.

C. Un fragment de sacrum dans lequel on voit deux vertèbres avec leur partie annulaire, accompagnées des apophyses articulaires, et un fragment d'une troisième vertèbre. Toutes ces pièces sont adhérentes entre elles par ankylose. La longueur des vertèbres est de cinq centimètres, c'est-à-dire, les 2/3 de la longueur des vertèbres sacrées de l'iguanodon.

Cet échantillon démontre à lui seul que le Rabdodon était un dinosaurien.

D. Une vertèbre caudale postérieure. Cette vertèbre est légèrement bi-concave. Elle est évidée au milieu et un peu déprimée dans le sens transversal. L'exiguité de son trou vertébral prouve qu'elle appartient à la dernière moitié de la queue. On voit au dessus quelques traces d'apophyses. Elle a huit centimètres de longueur.

E. Un fragment de vertèbre caudale du milieu de la queue avec des traces d'une longue apophyse épineuse.

F. Un humérus droit, dont la tête supérieure est fracturée et qui devait avoir environ vingt-neuf centimètres de longueur. Il a de grands rapports avec l'humérus de l'iguanodon.

G. La moitié supérieure d'un fémur droit qui a aussi les plus grands rapports avec le fémur de l'iguanodon. On voit sur l'un des côtés de sa tête un trochanter en crête qui se détache de l'os et qui en suit la courbure. Un autre trochanter existe sur l'un des côtés de l'os, vers le milieu de sa longueur, au point où il présente une facette déprimée qui forme en quelque sorte méplat.

L'os entier avait probablement cinquante centimètres de longueur. La longueur du fémur de l'iguanodon est d'environ quatre-vingt-quatre centimètres.

H. Partie inférieure d'un tibia droit. La tête inférieure de cet os est proportionnément plus élargie que celle du tibia du mégalosaure, mais elle est bien moins élargie que celle de l'hylæosaure. L'os entier devait avoir environ 50 centimètres de longueur.

Tels sont les principaux débris du reptile auquel j'applique la dénomination de ***Rabdodon priscum***. C'était probablement un animal herbivore aux habitudes terrestres. A en juger par comparaison avec l'iguanodon, sa longueur totale devait être d'environ 6 mètres. Il avait quelques rapports avec l'*acanthopholis horridus*, Huxley (1); mais ses dents n'étaient pas en fer de lance et n'étaient pas renflées vers leur base. On n'a pas trouvé, mêlés à ses ossements, les moindres vestiges de plaques dermales comparables à celles qui couvraient le

(1) *Geological Magazine*, 1867, vol. IV, p. 65, pl. V. fig. 1-4.

corps du reptile décrit par M. Huxley. L'*acanthopholis horridus* a précédé le Rabdodon : il appartient à l'horizon du Cénomanien inférieur.

En résumant ce que je viens d'exposer rapidement dans cette notice on voit, que les couches fluvio-lacustres du bassin à lignite de Fuveau sont caractérisées par des débris de chéloniens, de crocodiliens, de grands sauriens voisins des crocodiles et de dinosauriens.

L'ordre des chéloniens est représenté par des fragments indéterminables qu'on rencontre dans les couches d'eau saumâtre de la base ; par le *Pleurosternon? provinciale*, qui caractérise les lignites de la *Grande Mène* ; par l'*Aplolidemys Gaudryi*, de la base de l'étage de Rognac, et par deux espèces indéterminables dont on trouve quelques vestiges vers la partie supérieure de l'étage de Rognac.

L'ordre des crocodiliens est représenté par le *Crocodilus affuvelensis*, qu'on rencontre dans la lignite de la *Grande Mène* ; par le *Crocodilus Blavieri*, de la *Mène de quatre pans* ; enfin, par le *Crocodilus vetustus*, qui appartient à l'horizon des couches supérieures de Rognac.

Les grands sauriens voisins des crocodiliens sont représentés par l'*Hypselosaurus priscus*, qui appartient à la base de l'étage de Rognac, et par un ou plusieurs autres animaux dont je ne connais que quelques fragments appartenant à l'horizon des couches supérieures de l'étage de Rognac.

Enfin, les dinosauriens sont représentés par le *Rabdodon priscum*, qui appartient à cet horizon de couches supérieures de l'étage de Rognac.

Je joins à cette notice cinq planches. La première est consacrée au crocodile de la *Grande Mène* ; la seconde représente les vestiges de l'Hypsélosaure ; les trois autres sont relatives au *Rabdodon*.

EXPLICATION DES PLANCHES.

Pl. I. — *Crocodilus affuvelensis*. — Grandeur naturelle.

Fig. 1. Fragment du fémur gauche.

a face postérieure. *b* face antérieure. *c* face interne.

Fig. 2. Caracoïdien.

a face postérieure. *b* face antérieure. *c* face interne. *d* face externe.

Fig. 3. Un fragment de la vingt-deuxième vertèbre.

a vue par le côté gauche. *b* vue en dessus.

Fig. 4. Fragment de la partie supérieure et postérieure de la vingt-troisième vertèbre.

a vue au dessus. *b* vue en dessous.

Fig. 5. Partie inférieure de la même vingt-troisième vertèbre.

a vue en dessus. *b* vue par le côté gauche. *c* vue par le côté postérieur.

Fig. 6. Diverses dents antérieures et moyennes.

Fig. 7. Fragment de tête avec débris des deux maxillaires inférieur et supérieur, munis chacun de quelques dents postérieures.

Fig. 8. Portion du maxillaire inférieur gauche.

Pl. II. — *Hypselosaurus priscus*. — 1/5 de grandeur naturelle.

Fig. 1. Grand os qui paraît être un fémur gauche.

a Côté externe, avec section trausversale. *b* fragment de la tête supérieure, vu du côté postérieur. *c* même fragment, vu du côté interne.

Fig. 2. Tibia gauche ?

a vu par la face interne. *b* section supérieure. *c* section inférieure.

Fig. 3. Grand os qui paraît être un péroné.

a face tibiale. *b* face opposée, avec trois sections transversales. *c* vu en profil. *d* tête supérieure, vue en dessus.

Fig. 4. Vertèbre caudale postérieure.

a vue par le côté gauche. *b* vue par le côté antérieur. *c* vue en dessus.

Fig. 5. Deux vertèbres caudales consécutives, vues par le côté gauche.

Pl. III. — **Rabdodon priscum.** — Grandeur naturelle.

Fig. 1. Portion de maxillaire inférieur gauche.

a face externe. *b* face interne. *c* vu en dessus. *d* section suivant A B montrant la section d'une dent. *e* section suivant C D montrant aussi la section d'une dent.

Fig. 2. Portion du maxillaire inférieur droit.

a face interne avec fragments de dents dans les parties où l'operculaire a été enlevé. *b* section de l'extrémité postérieure de cette portion de maxillaire.

Fig. 3. Fragment de maxillaire inférieur gauche avec fragments de dents.

Pl. IV. — **Rabdodon priscum.** — 1/2 grandeur naturelle.

Fig. 1. Portion du sacrum.

a vue par le côté gauche. *b* vue par le côté postérieur.

Fig. 2. Tibia droit.

a côté postérieur. *b* côté antérieur. *c* tête inférieure vue en dessous.

Fig. 3. Vertèbre lombaire.

a vue du côté antérieur. *b* vue obliquement du côté gauche.

Fig. 4. Vertèbre caudale postérieure.
a vue par le côté gauche. *b* face antérieure. *c* vue en dessus.

Fig. 5. Vertèbre du milieu de la queue avec fragments de l'apophyse épineuse.

Pl. V. — **Rabdodon priscum.** — 1/2 grandeur naturelle.

Fig. 1. Partie supérieure du fémur droit.
a face antérieure. *b* face interne. *c* face externe. *d* tête supérieure, vue en dessus.

Fig. 2. Cubitus gauche.
a face antérieure. *b* face radiale.

Fig. 3. Humérus droit.
a côté postérieur. *b* côté antérieur. *c* face externe.

ERRATUM.

Lisez : Rhabdodon *au lieu de :* Rabdodon.

Crocodilus affuvelensis, *grandeur naturelle.*

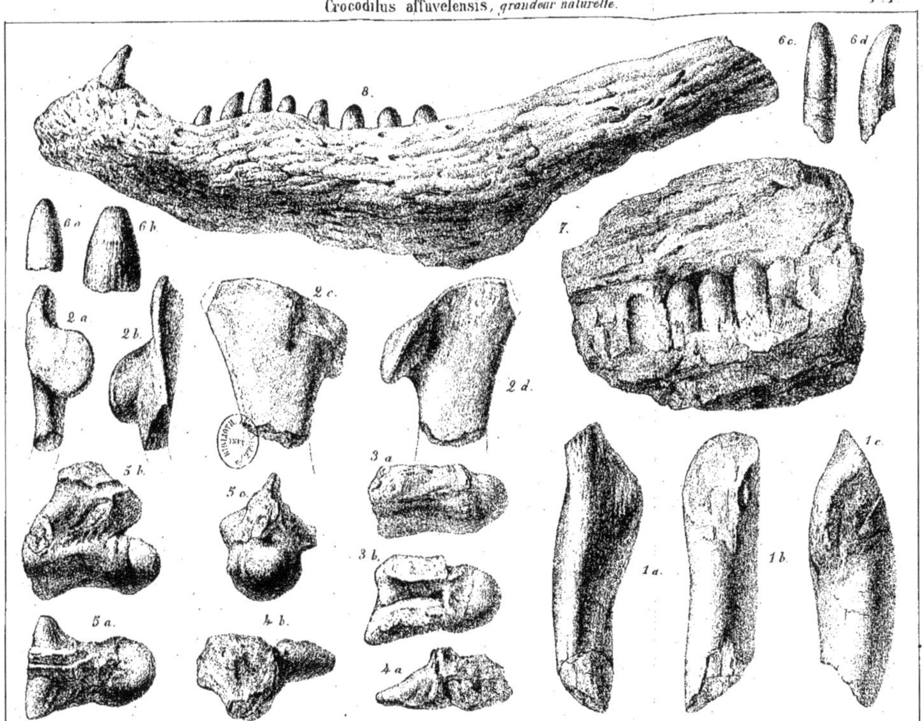

P. Matheron del.

Lith. A. Matheron, Marseille.

Hypselosaurus priscus *grandeur naturelle.* P. 2.

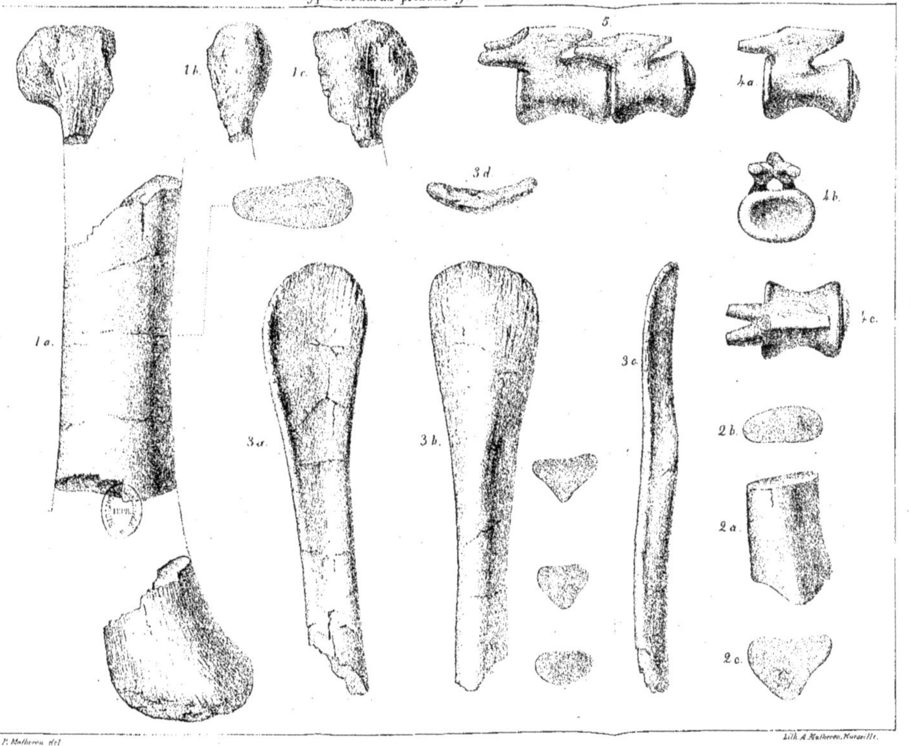

P. Matheron del. Lith. A. Matheron, Marseille.

Rhabdodon priscum *grandeur naturelle.*

P. Matheron del. lith. A. Matheron, Marseille.

Rhabdodon priscum ½ *grandeur naturelle.* P. 4.

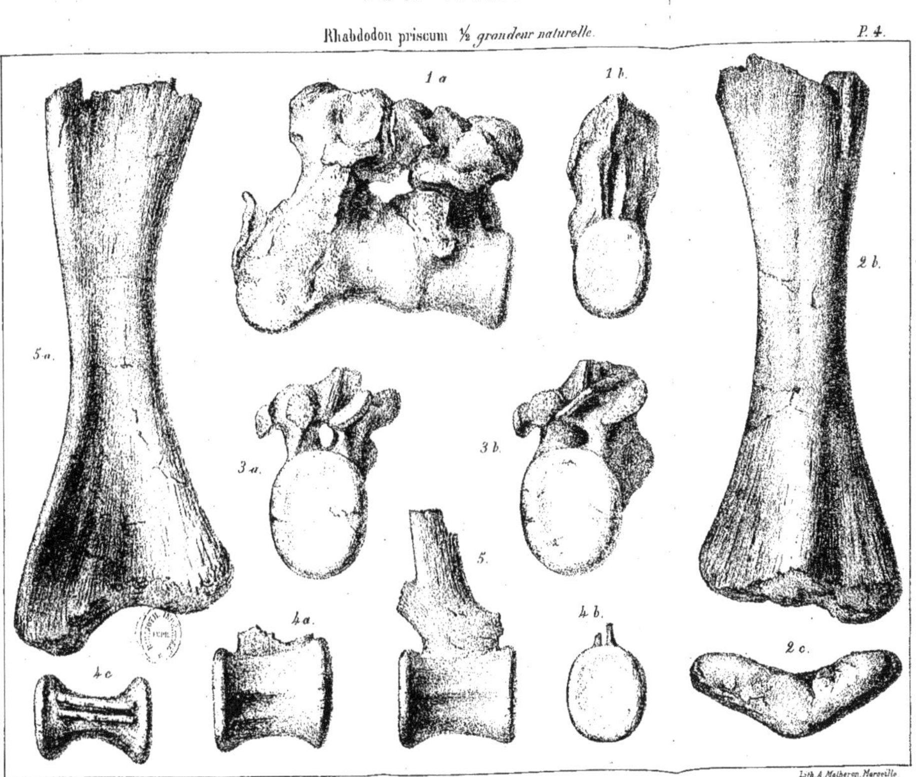

P. Matheron. del.

Lith. A. Matheron, Marseille

Rhabdodon priscum ½ grandeur naturelle. P. 5.

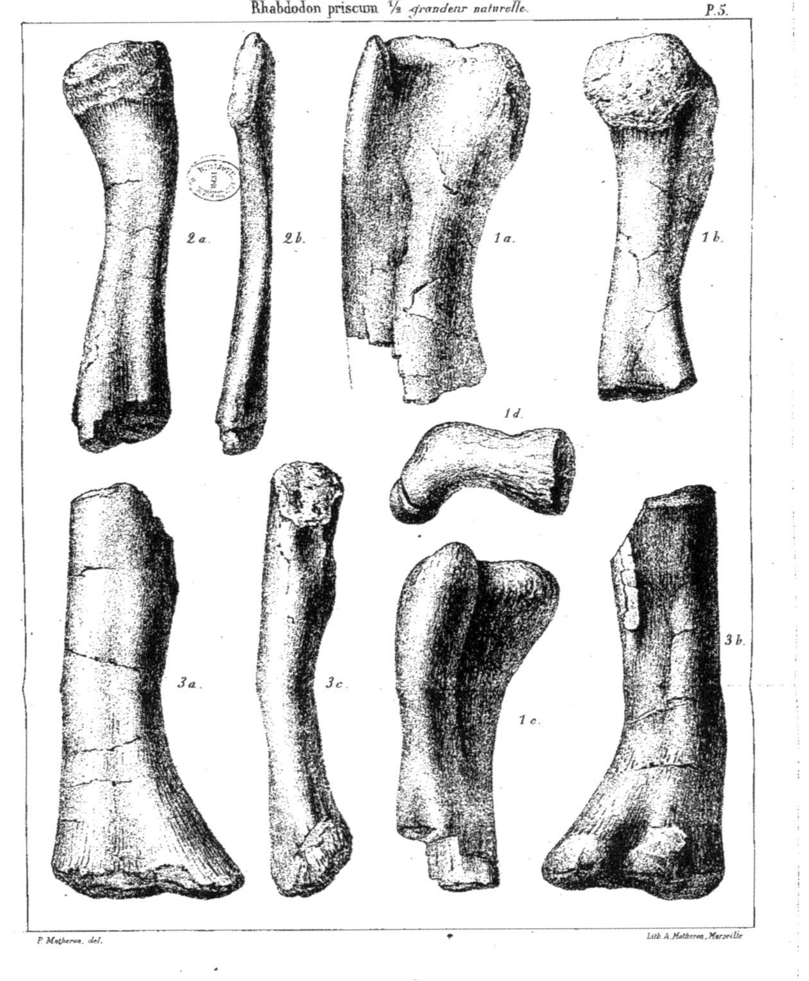

P. Matheron, del.

Lith A. Matheron, Marseille

www.ingramcontent.com/pod-product-compliance
Ingram Content Group UK Ltd.
Pitfield, Milton Keynes, MK11 3LW, UK
UKHW020214200726
13856UKWH00004B/1382